动物园里的朋友们

（第二辑）

我是猫

[俄] 谢·尤尔斯基 / 文
[俄] 叶·别利亚夫斯卡娅 / 图
靳玺 / 译

江西美术出版社
全国百佳出版单位

我是谁？

你难道不知道什么是猫吗？我要生气了！算了，还是别生气了。你们人类有什么优点呢？你们太不走运了，跟我们一点都不像。谁能集最漂亮、最灵活、最聪明、最尊贵、最狡猾于一身呢？当然是我们"家猫"了——这是我们的官方名字。我们还有野生亲戚们，他们也都非常棒——都像是被精挑细选出来的美人。

我既善良，又慷慨。我们的祖先很友好，同意住在你们祖先的洞穴里。你们要谢谢我们！毕竟，要不是我们，你们人类可能已经灭绝了——你们的食物早就被大老鼠偷光了。我们是你们的救星！因为我们善良勇敢。虽然我们个子小，身长也就50~60厘米，再加上长约30厘米的尾巴，但是一只猫一年就可以从啮齿动物嘴里夺回10吨谷物。顺便提一句，这可相当于2头巨大的非洲象的体重了……现在谁还敢说猫懒呢？

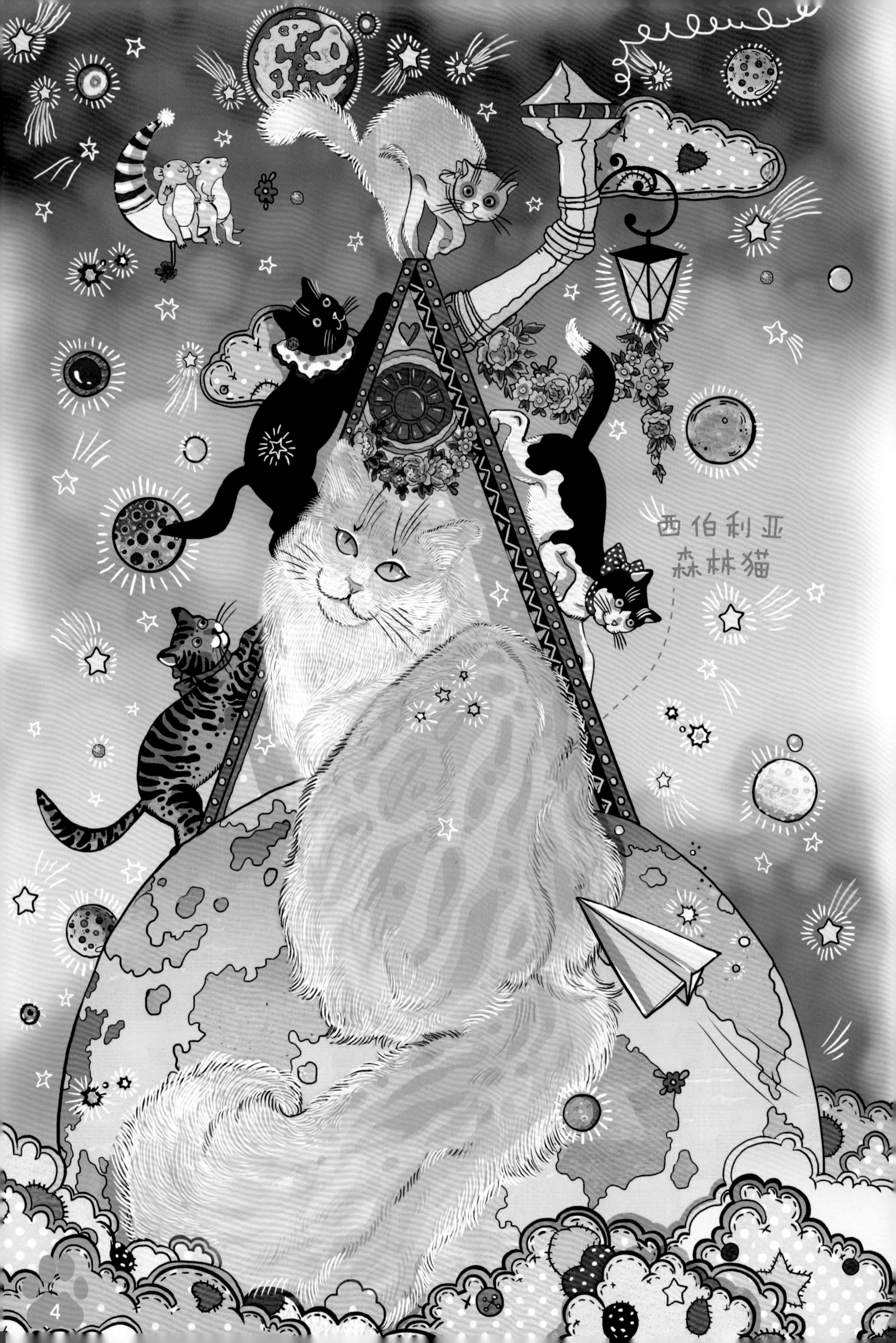
西伯利亚
森林猫

我们的居住地

我自己住在沙发上，而且准备住一辈子呢，也就是漫长的 15~17 年（最长可以住 25 年）。我也可以住在椅子上、枕头上、床上。我很朴素，要的不多。至于国家嘛……哪个国家都行，我在哪个国家都能住得很好。我的几个亲戚甚至住到了南极洲。其实我们在那儿没什么好做的，又冷又讨厌，但是极地考察站的人们求我们不要丢下他们，没办法，我们只能去了。

如果有人觉得他是我的主人，那他就得照顾我。实际上我是这个人的主人才对：他为我服务，给我买吃的，帮我梳毛、挠肚子、清理厕所，带我去看兽医。这些事我都让他做，因为我很善良。

知道有多少只和我一样的猫躺在你们的沙发上吗？大概有 6 亿只，可能更多。也就是说，地球上大约 1/10 的人有幸为一只猫服务。

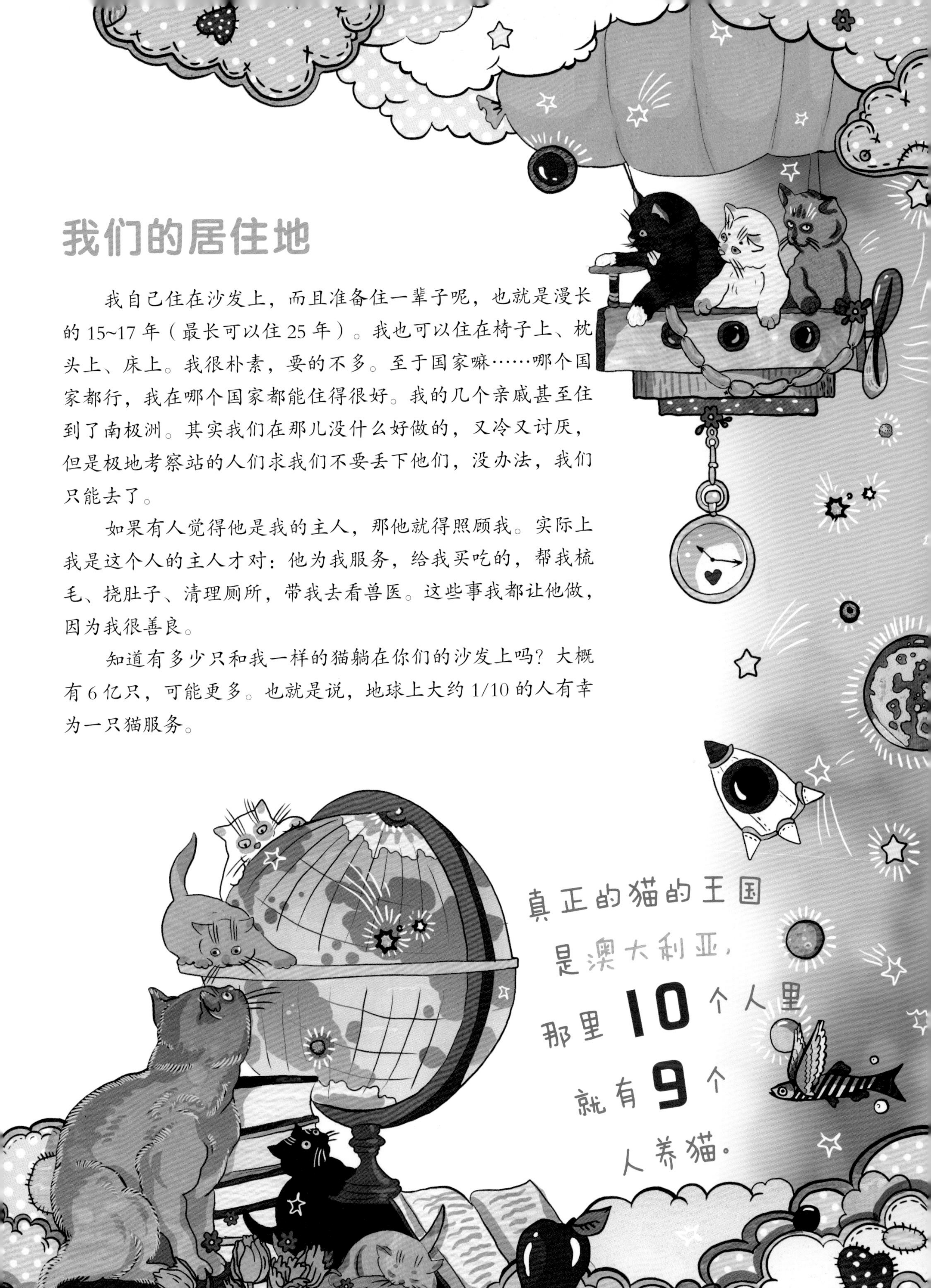

我们长什么样？

你知道吗？有一首童谣是这样形容猫的："小猫小猫四条腿，长长的尾巴摇啊摆。"对，我们确实长这样，但你不见得能找得到所有猫的尾巴。世界上有一种猫没有尾巴，叫"截尾猫"。其实我想说的是，我们猫是形形色色的！对，我们都很美，而且我们美得各有特色。比如说，波斯猫引以为傲的是他们长长的毛；而斯芬克斯猫的骄傲是不长毛，他们到了夏天甚至还要涂防晒霜呢；雷克斯猫有一身卷毛；曼奇金猫会给每个人看看他的小短腿，他们还有"猫界达克斯"的称号；缅因猫超级大，很强壮；喜马拉雅猫是小不点儿。我们颜色不同，眼睛不同，每种猫的性格也不同：英国短尾猫很懒，总是在休息。孟加拉猫则相反，他们从早跑到晚，还在柜子上跳来跳去。看见他们我头都晕了！

挪威森林猫是最有好奇心的猫之一。

暹罗猫出生的时候是白色的，几天之后有的部位开始慢慢变黑。

我们的身体

所有的猫都有小胡子。没有胡须可不行，胡须能帮助猫定位。风从哪里吹来？如何计算从沙发到橱柜的距离？可靠的胡须会将这些信息都告诉我们。因此，不要让任何人剪掉我们猫的胡须，否则我们会非常生气。

我们也不能没有指甲。一般我们前爪上有 5 个指甲，后爪有 4 个。我们能把指甲收进去，这样就不会干扰我们跑步了。要知道，猫很优雅，就像芭蕾舞演员一样！我们走起路来很安静，不会啪啪作响。

对了，别忘了，我可是一个捕食者！就像狮子一样，只不过是头小狮子。你觉得我只是一个可爱的毛球吗？给你看看我的牙齿！我有 30 颗锋利、坚固的白牙，老鼠害怕我可不是没有理由的。他们最怕的是我的 4 颗尖牙，它们就像利剑一样，只不过是小短剑。

小猫有 **26** 颗乳牙，比你多 **6** 颗。

Cats

我们的感官

不知道为什么，过去人们觉得猫所看到的世界是黑白的。搞笑！至少先问问我们啊！我们肯定早就告诉你们真相了。其实我们完全能区分红色、橙色、黄色、绿色、蓝色和棕色。而灰色——我们能看出 26 种灰色的细微区别！为什么呢？为了随时随地都能发现老鼠啊！他们可是灰色的。

你们的瞳孔是圆的，而我的瞳孔是竖直的，就像一根魔杖。光线强烈的时候，我的瞳孔会变细成为一条竖线，而天色变暗时，或者当我害怕时，它就会变宽。有时候我的眼中仿佛会有黄色、绿色或红色的火焰在燃烧，这是因为我的眼睛像镜子一样反射了光。

周围 60 米之内发生的一切我都能看得很清楚。但要是你在我鼻子下面放点什么东西，我有时候就不知道是什么了。吃的？小球？好吧，我得好好闻一闻，我的鼻子可不会骗我。

我的听力永远不会让我失望，甚至能在睡梦中听到老鼠的声音。他们在地板下面沙沙作响，还以为自己藏得很好呢。哈哈！我能听到所有老鼠的声音……

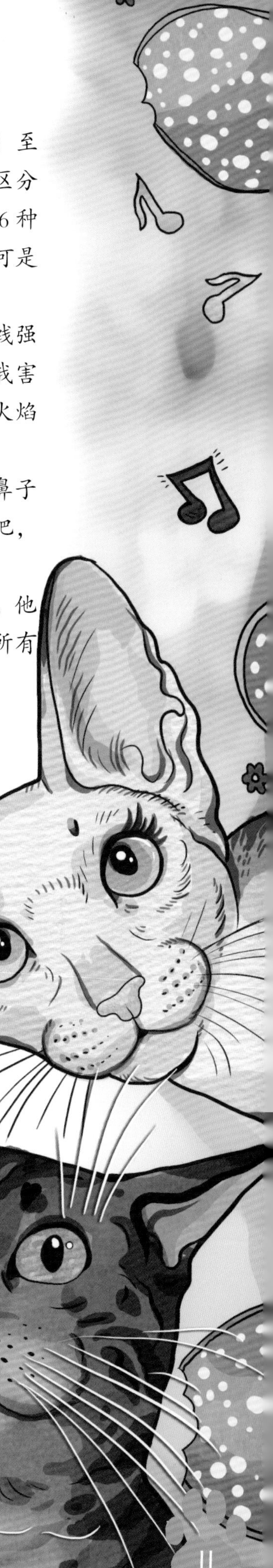

阿比西尼亚猫

加拿大斯芬克斯猫

孟加拉猫——最爱唱歌的猫

猫可以把它们的耳朵旋转 180 度。

我们的速度和弹跳力

“像猫一样灵活”——就是在说我。啊！我会的事情可真多啊！我会爬树。对，有时候我不太会从树上爬下来……其实我只是不愿意爬下来。就让我的主人爬上来找我，向我展示他对我的爱吧。

我可以在放着餐具的架子上行走，而不碰到任何一只碗。我可以跳得很高——能跳到自己身高的5倍。这个高度相当于你从地面跳到二楼，你能做到吗？差不多就是这样。这对我来说很容易。

我跑得比所有奥运冠军都快。而我的堂兄猎豹，跑得比汽车都快！但是我们不能长时间奔跑，我们需要休息。我的速度最快可以达到每小时60千米。顺便说一句，比你快，比任何成年人都要快。

俄罗斯蓝猫有长长的鼻子，

优雅敏捷，擅长爬树、

跳跃灵活。

猫可以跳大约**150**厘米高。

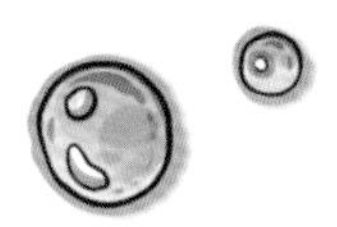

我们不怕水

当然了，我也会游泳。但是我不喜欢游泳，还有洗澡。被人抓住，扔进浴缸，浇上水，还要搓洗……啊！真是不明白为什么要给我洗澡。要知道，我们睡醒了或者吃完饭的时候，都会洗脸的啊！一只体面的猫咪每天都要在洗脸这件事上花至少两个小时。想象一下你的妈妈让你连着刷两个小时的牙，或者梳两个小时的头发……你肯定不会喜欢的，而我们喜欢，因为我们是很爱干净的动物。但是我们有个很奇怪的亲戚——老虎，他们根本不讨厌游泳。算了，老虎是野生的。一些完全被驯化了的家猫也喜欢溜进浴缸里、河里，甚至海里。

我知道缅因猫也喜欢游泳，土耳其梵猫愿意一辈子待在水里。斯芬克斯猫特别喜欢游泳。嗯！他们不长毛，所以不用多久就能干！孟加拉猫、千岛短尾猫——给他们水就行了。他们可能不是真正的猫，而是海豹吧。

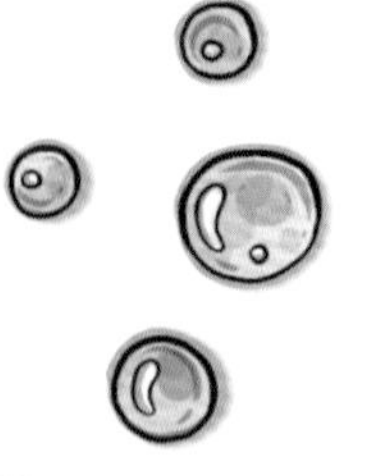

如果从小就训练猫去适应水，

它们就不会怕水。

猫的游泳方式像狗一样，
它们没有自己的泳姿。

我们的食物

是的，我喜欢吃。但是我说的可不只是吃老鼠，猫吃老鼠大家都知道，可是还不够——你应该了解一下我可以抓多少只老鼠——1 年约 200 只！当然了，前提是我愿意。我也抓鸟，也吃青蛙。但是抓老鼠真的是一种特殊才能，不是所有人都会的。我们中间还有专门的捕鼠高手呢，他们在农村非常受欢迎，在那里的工作很多呢！

但我什么都不用抓，我的主人会喂我，他受过培训，知道我喜欢吃跟室温差不多的温热食物。我喜欢用自己的碗，总是需要有干净的水喝。不过，他从来都不给我吃香肠，而且永远别想从他那儿要来哪怕一片鲱鱼。据说这对猫的健康不好。他还给我种了各种草——燕麦、欧芹、鼠尾草，据说这些对我的身体好。算了，我也喜欢吃草。

一只成年猫 **10** 天吃的食物约等于它的体重。

巧克力、葡萄干、葡萄、
杏、葱和蒜对猫咪的
健康有害无利。
苏格兰折耳猫

阿比西尼亚猫
猫和人一样会做梦。
孟加拉猫
呵叻猫

我们喜欢睡觉

你几岁了？嗯，我们假设你6岁了。如果你是一只猫，那你在过去6年的“猫生”里，睡眠时间就应该有4年！如果是一只9岁的猫，那他光睡觉的时间就有6年。想象不到吧，你的年纪就等于一只9岁的猫的睡觉时间。

睡觉是一件愉悦、有益的事儿，尤其当我找到了一个适合睡觉的地方时。当然了，主人会给我们一张专门的床，我还有自己的小房子呢。但是一直在一个地方睡觉好无聊啊！所以我每天都要找个新地方去睡觉。

有时候在沙发背上躺着，有时候钻到暖气片里，有时候爬到书架上，有时候躺在衣柜里，有时候爬进水槽里，还有时候会钻进鞋盒里。是的，鞋盒对于我来说太小了，那又怎样呢？只要主人允许，我就睡在里面。洗衣盆、平底锅也很适合我，阳台也特别棒，在洗衣机里睡觉也不错。我已经教过主人了——用洗衣机前一定要看一眼！有一次他差点把我一起洗了。真是气死我了！跟他吵了半个多小时。

成年猫每天能睡 14~20 个小时，小猫崽一天中有 22 个小时都在睡觉。

欧洲短毛猫性格很温和。
小猫崽6个月前
都长得很快。

我们的猫宝宝

想象一下，刚出生时我大概跟你的小手一样大，非常无助，既看不见，也听不见。幸运的是，妈妈会守护在我旁边。猫妈妈非常细心地守护小猫，寸步不离自己的孩子，喂他们吃奶，舔他们的身体，照顾他们，用嘴把他们从一个地方挪到另一个地方。但你可别去拿你的小猫，小猫一点都不喜欢这样——你的动作没法像猫妈妈那么温柔。

猫妈妈不会忘记任何一个孩子！猫通常一胎有 3~5 个孩子，多的时候有 8~10 个。还有一只英雄猫妈妈一胎产下了 19 只小猫！好吧，他们的爸爸也帮忙了。实际上，也有些猫不想抚养自己的孩子。不过，等小猫长大一点，有一些猫会照顾他们，跟他们玩耍。

我们长得非常快。出生两周后，我们就能看到这个世界、听到各种声音了。再过一周，我们就开始走路了，并且几乎一下子就开始跑了，虽然有时候也会跌倒——爪子滑了！

两个月的时候，我们就长得和爸爸妈妈一样了，就是体形还小一点。

母猫比公猫更爱捕食。

我们的天敌

你长得又高又壮，这很好。那小猫呢？万一在森林里迷路了怎么办呢？当然了，老鼠还是怕小猫的。但是狼、狐狸、熊，甚至是大鸟都可能对我们构成威胁。

不过，我是家猫。我坐在沙发上，在别墅花园里散步。如果有人看起来有问题，我就会报告主人，他就会把那些人赶走。

但如果我要出去散步，就一定要小心车辆。我爬上树就可以轻松躲避陌生的狗。对于我来说，没有天敌。非要说有的话，难道是我自己的胃口吗？我喜欢吃！发胖对我来说可不好。

没什么——我可以多运动运动……虽然我是家猫，但我仍然是猎手。我到处走、到处看——有没有老鼠在沙沙作响？有没有鸟在喳喳叫？一看见他们，我就跳起来，跑过去抓他们！

什么？主人在叫我回家？说是很晚了，该睡觉了？不，这样我就无法减肥了。他难道不记得了吗？对于猫来说，晚上是最好的打猎时间。算了，我还是回去吧。就这样吧。

尼比龙猫

小心谨慎。

小猫萨吉科的自我介绍

现在自我介绍一下：

我叫萨吉科，是一只家猫。

我周围的世界很大，而且结构精致有序。需要弄清楚，什么动物属于哪个族群，我就很了解这些。世界的中心就是我们猫族，这是因为我们最漂亮。我们的亲戚有狮子、老虎、猞猁等。我并不认识他们，有的只在电视上见过。他们不住在房子里，因为他们太大了，房子里装不下，所以只能住在外面。说实话，我觉得有些不好意思，一次都没去拜访过他们。虽然是远亲，但怎么说也是亲戚啊，属于一个族群的。以后有时间我一定去找他们。

人类在我们的生活中扮演着重要角色。他们很高，用两条腿走路。虽然可能看起来有点奇怪，但是没办法，事实就是这样。人类会盖房子，房子里可以住家猫。当人类盖好了新房子，他们会先放一只猫进去，然后自己再进去。

我们和人类一起住在他们的房子里，但因为生活安排不同，所以彼此的作息时间和任务也不同。我有很多工作。

首先，我们要到处巡逻，各处闻一闻，检查一下。然后提醒人们，该喂猫了。人类的忘性很大，所以每天都要提醒他们5~6次。然后还要看看窗户外面，看看房子周围在发生什么。如果人类有了小孩，那么在他的成长过程中我们要操心的事情就更多了：跟他玩捉迷藏，赛跑，还有很多要教他的。

因此，我白天晚上都要睡好几次。在沙发上、椅子上或者就在地毯上——看天气，读一读被人遗忘的报纸或者手稿，然后躺在上面，给自己唱一首摇篮曲（人们会说我在“咕噜咕噜”），睡一觉，做个好梦。

人类更复杂，也更简单。他们没有皮毛，所以他们一会儿穿衣服，一会儿换衣服，一会儿又脱衣服。

他们用特殊的机器洗衣服。机器咆哮着晃啊晃。上面有个玻璃窗，可以看到人类的衣物在水中旋转晃荡。这可比电视有趣多了。但人类不懂欣赏这个，他们会去另一个房间看电视。还有很多人什么都不做。他们无所事事。

我晚上醒着，早上吃完早餐之后就睡觉。当我早上睡觉时，人类会去“上班”。傍晚，他们会回来，然后一直吃饭、说话——这就是他们所有的事儿了！

我早就明白他们说的话了，我能听懂他们说的所有的话。但我假装只懂三句话：“萨吉科”“你真乖”和“走开”。如果我跟他们聊天——真的，我告诉你——我们根本就停不下来。他们什么时候才能睡觉呢？

虽说他们也有缺点，但我还是非常爱我的主人。我喜欢他们首先是因为他们非常爱我。就是这样！还需要什么吗？

这个世界上还有各种不同的动物，例如鳄鱼，我在电视里见到过。我跟你讲，这真是令人难以置信、难以接受。我的天啊！它身上是没味道的绿色，嘴里有100多颗牙齿，还有一张凸出来的脸，瞧瞧那大鼻孔！不！不！还是不要说鳄鱼了，下次再说鳄鱼吧！我们已经聊了好一会儿了。想让我给你唱支摇篮曲吗？很多时候我自己唱着咕噜咕噜的摇篮曲就睡着了。好吧，没事，我现在精神得很，我们可以继续聊天。

首先，从我们大家都知道的开始说吧。用你们人类的话来说，就是老生常谈了。我有绿色的眼睛、4条腿，爪子上的指甲很锋利，需要时常磨一磨——夏天可以在院子里的树上或者木桩上磨；如果是在楼房里，就不得不用椅子、沙发、纸箱甚至是叠放的书来磨指甲了。

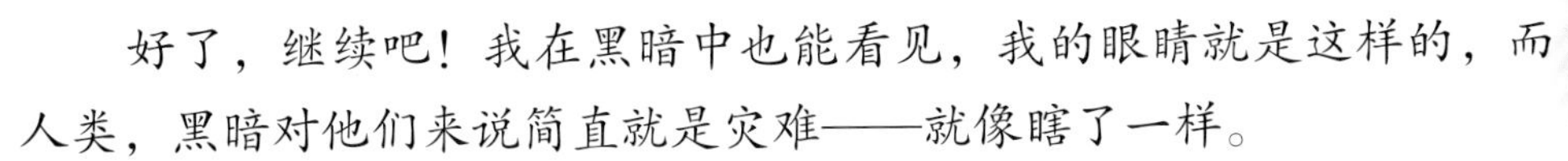

好了，继续吧！我在黑暗中也能看见，我的眼睛就是这样的，而人类，黑暗对他们来说简直就是灾难——就像瞎了一样。

晚上，有时候他们还会撞到我，甚至踩到我。这时候我会发出可怕的叫声。“你怎么躺在这里？我可看不见你啊，你跟黑夜融为一体了！对不起，我不是故意的。”他们会说类似的话。确实，我是一只烟灰色的猫，但这有什么问题吗？我觉得很好。你们可能觉得我是个利己主义者，但事实绝不是那样（利己主义者就是只考虑自己的人）。

我知道各种各样的猫——黑猫、棕猫、条纹猫、斑点猫，甚至是全白的猫，我们的小母猫还经常有三色的；有像我一样有蓬松长毛的猫，也有短毛猫，甚至不长毛的猫。

尾巴是每只猫的装饰，我能用它表达情绪变化。用人类的话说——这就是我的表情和姿态。但是我听说，甚至有无尾猫，很吃惊吧？我也很吃惊，但是这是真的，这种猫真的存在，不长尾巴可是他们的原则。

下面我说一下小历史（或者是理论？我总是搞不清楚）。

来说说猫和老鼠还有狗的关系吧。

以前，人们认为养猫是为了捉老鼠。看出来了吗？人类不喜欢老鼠，猫应该把他们（不是说人类，是说老鼠）捉住吃掉。

我没遇上那种野蛮时代，我是一只城市家猫。我也去过别墅（那也是我的家，只不过在农村，有很多草、很多树，永远都是夏天……），我在那里见过老鼠，那又怎么样呢？当然可以去追老鼠，但是吃掉他，对不起，这我已经做不到了。

人类想要摆脱老鼠是他们的问题。有捕鼠器，有化学药剂，让他们自己去解决吧，跟我有什么关系啊？

人们常说我是猛兽，这是为什么啊？是因为我不吃黄瓜、白菜，不喝粥吗？既然有品种繁多的食物，为什么要吃那些东西呢？真是莫名其妙！我知道，你们会很狡猾地笑着问："这些食物袋子是哪里来的啊？"我会告诉你们，根据经验来说，是从商店里买来的！谜底揭开了。

现在来说说狗。狗也被认为是宠物，这是不对的！狗是半家养的哺乳动物。人类十分明白这一点，所以每天都要把他这个哺乳动物牵到街上遛几次。狗有很多种类。有跟我一般大的，有比我大10倍的（真的，真的，相信我！），还有体形就只有我一半大的狗呢。他们都是狗，很难区分，只能通过闻气味来分辨。

有这样一句人类俗语："像猫和狗一样地生活在一起！"意思就是一直打。我不知道，我没有很熟的狗狗朋友，我也不太想认识狗。邻居带着他的狮子狗来过我家（那只狗叫托莎），我冲他叫了叫，然后甚至还把他领去了我装食物的食盘那里。真是的！他吃了很多，连句谢谢都不说，真是只没礼貌的动物。他还穿着夹克、鞋子，系着狗皮带和项圈——真是装模作样，一点都不严肃正经。

真正让我羡慕的是鸟类。如果我在庭院里追鸽子，可不是为了吃掉他，而是为了弄明白他们的构造以及为什么他们会飞，这让我很好奇。

对，野蛮时代已经过去了！理智与文明的时代已经到来。现在一切都很好，以后会越来越好！至于鳄鱼——对不起，又回到了这个话题——如果达尔文是对的，自然选择决定了自然界中的一切，那怎么到现在还有鳄鱼呢？这真是一种让我无法理解的生物，但我最好还是闭嘴吧。

最近出版了一系列有趣的书籍，里面的动物们会进行自我介绍：《我是北极熊》《我是浣熊》《我是蚂蚁》等。

我看到了这些非常有趣的书籍和插图，真是可爱极了。生活一直向前，还有更多新奇有趣的东西呢。以后还会有《我是鳄鱼》这本书的。读一读吧，也许你能理解这种奇怪的生物。

我慢慢安静下来了……

呼……呼……呼……

啊，聊天的时间过得真快……

呼……呼……呼……

现在，我跟你们不止一次……

再见！沙发上见！呼……

动物园里的朋友们

本套书共三辑，每辑 10 册，共 30 册。明星作者以第一人称讲故事的形式，展现每个动物最与众不同、最神奇可爱的一面，介绍了每种动物的种类、生活环境、形态特征、生活习性等各方面。让孩子们足不出户也能了解新奇有趣的动物知识。

第一辑（共 10 册）

第二辑（共 10 册）

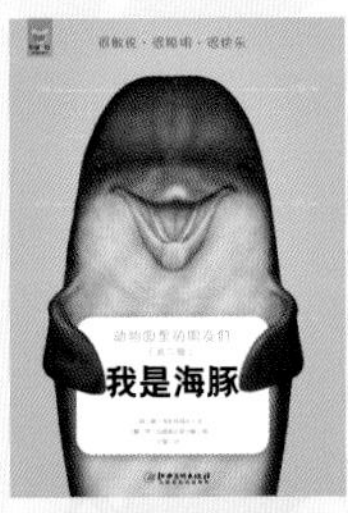

第三辑（共 10 册）

图书在版编目（CIP）数据

动物园里的朋友们. 第二辑. 我是猫 / （俄罗斯）谢·
尤尔斯基文 ; 靳玺译. -- 南昌 : 江西美术出版社,
2020.11
ISBN 978-7-5480-7514-1

Ⅰ. ①动… Ⅱ. ①谢… ②靳… Ⅲ. ①动物—儿童读
物②猫—儿童读物 Ⅳ. ①Q95-49

中国版本图书馆CIP数据核字(2020)第067746号

版权合同登记号 14-2020-0157

出 品 人：周建森
企　　划：北京江美长风文化传播有限公司
策　　划：巴拉拉
责任编辑：楚天顺 朱鲁巍
特约编辑：石 颖 吴 迪 王 毅
美术编辑：童 磊 周伶俐
责任印制：谭 勋

动物园里的朋友们（第二辑） 我是猫

DONGWUYUAN LI DE PENGYOUMEN (DI ER JI) WO SHI MAO

［俄］谢·尤尔斯基 / 文 ［俄］叶·别利亚夫斯卡娅 / 图 靳玺 / 译

出　　版：江西美术出版社
地　　址：江西省南昌市子安路 66 号
网　　址：www.jxfinearts.com
电子信箱：jxms163@163.com
电　　话：0791-86566274 010-82093785
发　　行：010-64926438
邮　　编：330025
经　　销：全国新华书店
印　　刷：北京宝丰印刷有限公司
版　　次：2020 年 11 月第 1 版
印　　次：2020 年 11 月第 1 次印刷
开　　本：889mm × 1194mm 1/16
总 印 张：20
ISBN 978-7-5480-7514-1
定　　价：168.00 元（全 10 册）